袁枚全集之十二

隨園食單

王大錯題

上海校經山房
成記書局發行

隨園食單序

詩人美周公。而曰籩豆有踐。惡凡伯而曰。彼疏斯稗。古之於飲食也。若是重乎。他若易稱鼎烹。書稱鹽梅。鄉黨內則瑣瑣言之。孟子雖賤飲食之人。而又言飢渴未能得飲食之正。可見凡事須求一是處。都非易言。中庸曰。人莫不飲食也。鮮能知味也。典論曰。一世長者知居處。三世長者知服食。古人進鬐離肺。皆有法焉。未嘗苟且。子與人歌而善。必使反之。而後和之。聖人於一藝之微。其善取於人也如是。余雅慕此旨。每食於某氏而飽。必使家廚往彼竈觚。執弟子之禮。四十年來。頗集眾美。有學就者。有十分中得六七者。有僅得二三者。亦有竟失傳者。余都問其方略。集而存之。雖不甚省記。亦載某家某味。以志景行。自覺好學之心。理宜如是。雖死法不足以限生廚。名手作書。亦多出入。未可專求之於故紙。然能率由舊章。終無大謬。臨時治具。亦易指名。或曰。人心不同。各如其面。子能必天下之口。皆子之口乎。曰。執柯以伐柯。其則不遠。吾雖不能強天下之口與吾同嗜。而姑且推己及物。則食飲雖微。而吾於忠恕之道。則已盡矣。吾何憾哉。若夫說郛所載飲食之書。三十餘種。眉公笠翁。亦有陳言。曾親試之。皆闕於鼻而蜇於口。大半陋儒附會。吾無取焉。

須知單

學問之道先知而後行飲食亦然作須知單

先天須知

凡物各有先天。如人各有資稟。人性下愚。雖孔孟教之。無益也。物性不良。雖易牙烹之。亦無味也。指其大略。猪宜皮薄。不可腥臊。雞宜騸嫩。不可老稚。鯽魚以扁身白肚爲佳。烏背者必崛強於盤中。鰻魚以湖溪游泳爲貴。江生者必槎枒其骨節。穀餵之鴨。其臕肥而白色。壅土之筍。其節少而甘鮮。同一火腿也。而好醜判若天淵。同一台鮝也。而美惡分爲冰炭。其他雜物。可以類推。大抵一席佳餚。司厨之功居其六。買辦之功居其四。

一作料須知

厨者之作料。如婦人之衣服首飾也。雖有天姿。雖善塗抹。而敝衣藍縷。西子亦難以爲容。善烹調者。醬用伏醬。先嘗甘否。油用香油。須審生熟。酒用酒娘。應去糟粕。醋用米醋。須求清冽。且醬有清濃之分。油有葷素之别。酒有酸甜之異。醋有新陳之殊。不可絲毫錯誤。其他葱椒薑桂糖鹽。雖用之不多。而俱宜選擇上品。蘇州店賣秋油。有上中下三等。鎮江醋顏色雖佳。味不甚酸。失醋之本旨矣。以板浦醋爲第一。浦口醋次之。

一洗刷須知

洗刷之法。燕窩去毛。海參去泥。魚翅去沙。鹿筋去臊。肉有筋瓣。剔之則酥。鴨有腎臊。削之則淨。魚膽破而全盤皆苦。鰻涎存而滿碗多腥。韭删葉而白存。菜棄邊而心出。內則曰。魚去乙。鱉去醜。此之謂也。諺云。若要魚好喫。洗得白筋出。亦此之謂也。

一調劑須知

調劑之法。相物而施。有酒水兼用者。有專用酒不用水者。有專用水不用酒者。有鹽醬並用者。有專用清
醬不用鹽者。有用鹽不用醬者。有物太膩。要用油先炙者。有氣太腥。要用醋先噴者。有取鮮必用冰糖者。
有以乾燥為貴者。使其味入於內。煎炒之物是也。有以湯多為貴者。使其味溢於外。清浮之物是也。

一配搭須知

諺曰。相女配夫。記曰。儗人必於其倫。烹調之法。何以異焉。凡一物烹成。必需輔佐。要使清者配清。濃者配
濃。柔者配柔。剛者配剛。方有和合之妙。其中可葷可素者。蘑菇鮮筍冬瓜是也。可葷不可素者。葱韭茴香
新蒜是也。可素不可葷者。芹菜百合刀豆是也。常見人置蟹粉於燕窩之中。放百合於雞豬之肉。毋乃唐
堯與蘇峻對坐。不太悖乎。亦有交互見功者。炒葷菜用素油。炒素菜用葷油是也。

一獨用須知

味太濃重者。只宜獨用。不可搭配。如李贊皇張江陵一流。須專用之。方盡其才。食物中鰻也。鱉也。蟹也。鰣
魚也。牛羊也。皆宜獨食。不可加搭配。何也。此數物者味甚厚。力量甚大。而流弊亦甚多。用五味調和。全力
治之。方能取其長而去其弊。何暇捨本題而別生枝節哉。金陵人好以海參配甲魚。魚翅配蟹粉。我見輒
攢眉。覺甲魚蟹粉之味。海參魚翅分之而不足。海參魚翅之弊。甲魚蟹粉染之而有餘。

一火候須知

熟物之法。最重火候。有須武火者。煎炒是也。火弱則物疲矣。有須文火者。煨煮是也。火猛則物枯矣。有先
用武火而後用文火者。收湯之物是也。性急則皮焦而裏不熟矣。有愈煮愈嫩者。腰子雞蛋是也。亦又有
略煮即不嫩者。鮮魚蚶蛤之類是也。肉起遲則紅色變黑。魚起遲則活肉變死。屢開鍋蓋則多沫而少香

火息再燒則走油而味失。道人以丹成九轉為仙。儒家以無過不及為中。司廚者能知火候而謹伺之。則幾於道矣。魚臨食時。色白如玉。凝而不散者。活肉也。色白如粉。不相膠粘者。死肉也。明明鮮魚。而使之不鮮。可恨已極。

一色臭須知

目與鼻。口之鄰也。亦口之媒介也。嘉肴到目到鼻。色臭便有不同。或淨若秋雲。或艷如琥珀。其芬芳之氣亦撲鼻而來。不必齒決之。舌嘗之。而後知其妙也。然求色艷可用糖炒。求香不可用香料。一涉粉飾。便傷至味。

一遲速須知

凡人請客。相約於三日之前。自有工夫平章百味。若斗然客至。急需便餐。作客在外。行船落店。此何能取東海之水。救南池之焚乎。必須預備一種急就章之菜。如炒雞片。炒肉絲。炒蝦米豆腐。及糟魚茶腿之類。反能因速而見巧者。不可不知。

一變換須知

一物有一物之味。不可混而同之。猶如聖人設教。因才樂育。不拘一律。所謂君子成人之美也。今見俗廚動以雞鴨豬鵝。一湯同滾。遂令千手雷同。味同嚼蠟。吾恐雞豬鵝鴨有靈。必到枉死城中告狀矣。善治菜者。須多設鍋竈盂鉢之類。使一物各獻一性。一碗各成一味。嗜者舌本應接不暇。自覺花心頓開。

一器具須知

古語云。美食不如美器。斯語是也。然宣成嘉萬窯器太貴。頗愁損傷。不如竟用 御窯。已覺雅麗。惟是宜碗者碗。宜盤者盤。宜大者大。宜小者小。參錯其間。方覺生色。若板板於十碗八盤之說。便嫌笨俗。大抵物貴者器宜大。物賤者器宜小。煎炒宜盤。湯羹宜碗。煎炒宜鐵鍋。煨煮宜砂罐。

一上菜須知

上菜之法。鹹者宜先。淡者宜後。濃者宜先。薄者宜後。無湯者宜先。有湯者宜後。且天下原有五味。不可以鹹之一味槩之。度客食飽。則脾困矣。須用辛辣以振動之。慮客酒多。則胃疲矣。須用酸甘以提醒之。

一時節須知

夏日長而熱。宰殺太早。則肉敗矣。冬日短而寒。烹飪稍遲。則物生矣。冬宜食牛羊。移之於夏。非其時也。夏宜食乾腊。移之於冬。非其時也。輔佐之物。夏宜用芥末。冬宜用胡椒。當三伏天而得冬醃菜。賤物也。而竟成至寶矣。當秋涼時而得行鞭筍。亦賤物也。而視若珍羞矣。有先時而見好者。三月食鰣魚是也。有後時而見好者。四月食芋奶是也。其他亦可類推。有過時而不可喫者。蘿蔔過時則心空。山筍過時則味苦。刀鱭過時則骨硬。所謂四時之序。成功者退。精華已竭。褰裳去之也。

一多寡須知

用貴物宜多。用賤物宜少。煎炒之物多。則火力不透。肉亦不鬆。故用肉不得過半斤。用雞魚不得過六兩。或問食之不足如何。曰。俟食畢後另炒可也。以多為貴者。白煮肉。非二十斤以外。則淡而無味。粥亦然。非斗米則汁漿不厚。且須扣水。水多物少。則味亦薄矣。

一潔淨須知

切葱之刀。不可以切筍。搗椒之臼。不可以搗粉。聞菜有抹布氣者。由其布之不潔也。聞菜有砧板氣者。由其板之不淨也。工欲善其事。必先利其器。良廚先多磨刀。多換布。多刮板。多洗手。然後治菜。至於口吸之烟灰。頭上之汗汁。灶上之蠅蟻。鍋上之烟煤。一玷入菜中。雖絕好烹庖。如西子蒙不潔。人皆掩鼻而過之矣。

一用縴須知

俗名豆粉為縴者。即拉船用縴也。須顧名思義。因治肉者要作團而不能合。要作羮而不能膩。故用粉以牽合之。煎炒之時。慮肉貼鍋。必至焦老。故用粉以護持之。此縴義也。能解此義用縴。縴必恰當。否則亂用可笑。但覺一片糊塗。漢制考齊呼麴麸為媒。媒即縴也。

一選用須知

選用之法。小炒肉用後臀。做肉圓用前夾心。煨肉用硬短勒。炒魚片用青魚季魚。做魚松用鯶魚鯉魚。蒸雞用雛雞。煨雞用騸雞。取雞汁用老雞。雞用雌纔嫩。鴨用雄纔肥。蓴菜用頭。芹韭用根。皆一定之理。餘可類推。

一疑似須知

味要濃厚。不可油膩。味要清鮮。不可淡薄。此疑似之間。差之毫釐。失之千里。濃厚者取精多而糟粕去之謂也。若徒貪肥膩。不如專食猪油矣。清鮮者真味出而俗塵無之謂也。若徒貪淡薄。則不如飲水矣。

一補救須知

名手調羮。鹹淡合宜。老嫩如式。原無需補救。不得已為中人說法。則調味者寧淡毋鹹。淡可加鹽以救之。鹹則不能使之再淡矣。烹魚者寧嫩毋老。嫩可加火候以補之。老則不能強之再嫩矣。此中之消息。於一切下作料時。靜觀火候便可參詳。

一本分須知

滿洲菜多燒煮。漢人菜多羮湯。童而習之。故擅長也。滿請漢人。漢請滿人。各用所長之菜。轉覺入口新鮮。不失邯鄲故步。今人忘其本分。而要格外討好。漢請滿人用滿菜。滿請漢人用漢菜。反致依樣胡盧。有名無實。畫虎不成反類犬矣。秀才下場。專作自己文字。務極其工。自有遇合。若逢一宗師而摹倣之。逢一主考而摹倣之。則掇皮無真。終身不中矣。

戒單 為政者興一利。不如除一弊。能除飲食之弊。則思過半矣。作戒單。

一戒外加油

俗廚製菜。動熬猪油一鍋。臨上菜時。勺取而分澆之。以為肥膩。甚至燕窩至清之物。亦復受此玷汚。而俗人不知。長呑大嚼。以為得油水入腹。故知前生是餓鬼投來。

一戒同鍋熟

同鍋熟之弊。已載前變換須知一條中。

一戒耳餐

何謂耳餐。耳餐者。務名之謂也。貪貴物之名。夸敬客之意。是以耳餐。非口餐也。不知豆腐得味。遠勝燕窩。海菜不佳。不如蔬筍。余嘗謂雞猪魚鴨。豪傑之士也。各有本味。自成一家。海參燕窩。庸陋之人也。全無性情。寄人籬下。嘗見某太守燕客。大碗如缸。白煮燕窩四兩。絲毫無味。人爭夸之。余笑曰。我輩來喫燕窩。非來販燕窩也。可販不可喫。雖多奚為。若徒夸體面。不如碗中竟放明珠百粒。則價值萬金矣。其如喫不得何。

一戒目食

何謂目食。目食者。貪多之謂也。今人之慕食前方丈之名。多盤疊碗。是以目食。非口食也。不知名手寫字多。則必有敗筆。名人作詩煩。則必有累句。極名廚之心力。一日之中。所作好菜不過四五味耳。尚難拏准。況拉雜橫陳乎。就使幫助多人。亦各有意見。全無紀律。愈多愈壞。余嘗過一商家。上菜三撤席。點心十六道。共算食品將至四十餘種。主人自覺欣欣得意。而我散席還家。仍煮粥充飢。可想見其席之豐而不潔矣。

南朝孔琳之曰。今人好用多品。適口之外。皆為悅目之資。余以為肴饌橫陳。熏蒸腥穢。口亦無可悅也。

一戒穿鑿

物有本性。不可穿鑿為之。自成小巧。即如燕窩佳矣。何必捶以為團。海參可矣。何必熬之為醬。西瓜被切。略遲不鮮。竟有製以為糕者。蘋果太熟。上口不脆。竟有蒸之以為脯者。他如尊生八箋之秋藤餅。李笠翁之玉蘭糕。都是矯揉造作。以杞柳為杯棬。全失大方。譬如庸德庸行。做到家便是聖人。何必索隱行怪乎。

一戒停頓

物味取鮮。全在起鍋時。及鋒而試。略為停頓。便如霉過衣裳。雖錦繡綺羅。亦晦悶而舊氣可憎矣。嘗見性急主人。每擺菜必一齊搬出。於是廚人將一席之菜。都放蒸籠中。候主人催取。通行齊上。此中尚得有佳味哉。在善烹飪者。一盤一碗。費盡心思。在吃者。鹵莽暴戾。囫圇吞下。真所謂得哀家梨。仍復蒸食者矣。余到粵東。食楊蘭坡明府鱔羹而美。訪其故。曰。不過現殺現烹。現熟現吃。不停頓而已。他物皆可類推。

一戒暴殄

暴者不恤人功。殄者不惜物力。雞魚鵝鴨。自首至尾。俱有味存。不必少取多棄也。嘗見烹甲魚者。專取其裙。而不知味在肉中。蒸時魚者。專取其肚。而不知鮮在背上。至賤莫如醃蛋。其佳處雖在黃。而不在白。全去其白。而專取其黃。則食者亦覺索然矣。且予為此言。並非俗人惜福之謂。假使暴殄而有益於飲食。猶之可也。暴殄而反累於飲食。又何苦為之。至於烈炭以炙活鵝之掌。剸刀以取生雞之肝。皆君子所不為也。何也。物為人用。使之死可也。使之求死不得不可也。

一戒縱酒

事之是非。惟醒人能知之。味之美惡。亦惟醒人能知之。伊尹曰。味之精微。口不能言也。口且不能言。豈有呼吸酗酒之人，能知味者乎？往往見拇戰之徒，啖佳菜如啖木屑，心不存焉。所謂惟酒是務，焉知其餘，而治味之道掃地矣。萬不得已，先於正席嘗菜之味，後於撤席逞酒之能，庶乎其兩可也。

一戒火鍋

冬日宴客，慣用火鍋，對客喧騰，已屬可厭；且各菜之味，有一定火候，宜文宜武，宜撤宜添，瞬息難差。今一例以火逼之，其味尚可問乎？近人用燒酒代炭，以為得計，而不知物經多滾，總能變味。或問：菜冷奈何？曰：以起鍋滾熱之菜，不使客登時食盡，而尚留之以至於冷，則其味之惡劣可知矣。

一戒强讓

治具宴客，禮也。然一肴既上，理宜憑客舉箸，精肥整碎，各有所好，聽從客便，方是道理，何必强勉讓之？嘗見主人以箸夾取，堆置客前，汙盤沒碗，令人生厭。須知客非無手無目之人，又非兒童、新婦，怕羞忍餓，何必以村嫗小家子之見解待之？其慢客也至矣！近日倡家，尤多此種惡習，以箸取菜，硬入人口，有類强奸，殊為可惡。長安有甚好請客而菜不佳者，一客問曰：我與君算相好乎？主人曰：相好！客跽而請曰：果然相好，我有所求，必允許而後起。主人驚問何求，曰：此後君家宴客，求免見招。合坐為之大笑。

一戒走油

凡魚肉雞鴨雖極肥之物，總要使其油在肉中，不落湯中，其味方存而不散。若肉中之油，半落湯中，則湯中之味反在肉外矣。推原其病有三：一誤於火太猛，滾急水乾，重番加水；一誤於火勢忽停，既斷復續；一病在於太要相度，屢起鍋蓋，則油必走。

一戒落套

唐詩最佳，而五言八韻之試帖，名家不選，何也？以其落套故也。詩尚如此，食亦宜然。今官場之菜，名號有十六碟八簋四點心之稱。有滿漢席之稱。有八小喫之稱。有十大菜之稱。種種俗名。皆惡廚陋習。只可用之於新親上門。上司入境。以此敷衍。配上椅披桌裙。插屏香案。三揖百拜方稱。若家居懽宴。文酒開筵。安可用此惡套哉。必須盤碗參差。整散雜進。方有名貴之氣象。余家壽筵婚席。動至五六桌者。傳喚外廚。亦不免落套。然訓練之卒。範我馳驅者。其味亦終竟不同。

一戒混濁

混濁者。並非濃厚之謂。同一湯也。望去非黑非白。如缸中攪渾之水。同一滷也。食之不清不膩。如染缸倒出之漿。此種色味令人難耐。救之之法。總在洗淨本身。善加作料。伺察水火。體驗酸鹹。不使食者舌上有隔皮隔膜之嫌。庾子山論文云。索索無真氣。昏昏有俗心。是即混濁之謂也。

一戒苟且

凡事不宜苟且。而於飲食尤甚。廚者皆小人下材。一日不加賞罰。則一日必生怠玩。火齊未到而姑且下咽。則明日之菜必更加生。真味已失而含忍不言。則下次之羹必加草率。且又不止空賞空罰而已也。其佳者必指示其所以能佳之由。其劣者必尋求其所以致劣之故。鹹淡必適其中。不可絲毫加減。久暫必得其當。不可任意登盤。廚者偷安。喫者隨便。皆飲食之大弊。審問慎思明辨。為學之方也。隨時指點。教學相長。作師之道也。於味何獨不然。

海鮮單

古八珍並無海鮮之說。今世俗尚之。不得不吾從眾。作海鮮單。

燕窩

燕窩貴物。原不輕用。如用之每碗必須二兩。先用天泉滾水泡之。將銀針挑去黑絲。用嫩雞湯好火腿湯新蘑菇三樣湯滾之。看燕窩變成玉色為度。此物至清。不可以油膩雜之。此物至文。不可以武物串之。今今用肉絲雞絲雜之是喫雞絲肉絲非喫燕窩也且徒務其名往往以三錢生燕窩蓋碗面如白髮數莖使客一撩不見空剩麤物滿碗眞乞兒賣富反露貧相不得已則蘑菇絲笋尖絲鯽魚肚野雞片俱尚可用也余到粵東楊明府冬瓜燕窩甚佳以柔配柔以清入清重用雞汁蘑菇汁而已燕窩皆作玉色不純白也或打作團或敲成麵俱屬穿鑿

海參三法

海參無味之物沙多氣腥最難討好然天性濃重斷不可以清湯煨之須檢小刺參先泡去沙泥用肉湯滾泡三次然後以雞肉兩汁紅煨極爛輔佐則用香蕈木耳以其黑色相似也大抵明日請客則先一日要煨海參纔爛常見錢觀察家夏日用芥末雞汁拌冷海參絲甚佳或切小碎丁用笋丁香蕈丁入雞湯煨作羹蔣侍郎家用豆腐皮雞腿蘑菇煨海參亦佳

魚翅二法

魚翅難爛須煮兩日纔能摧剛為柔用有二法一用好火腿好雞湯加鮮笋冰糖錢許煨爛此一法也一純用雞湯串細蘿蔔絲拆碎鱗翅攙和其中飄浮碗面令食者不能辨其為蘿蔔絲為魚翅此又一法也用火腿者湯宜少用蘿蔔絲者湯宜多總以融洽柔膩為佳若海參觸鼻魚翅跳盤便成笑話吳道士家做魚翅不用下鱗單用上半原根亦有風味蘿蔔絲須出水二次其臭纔去嘗在郭耕禮家喫魚翅炒菜妙絕惜未傳其方法

鰒魚

鰒魚炒薄片甚佳楊中丞家削片入雞湯豆腐中號稱鰒魚豆腐上加陳糟油澆之莊太守用大塊鰒魚煨整鴨亦別有風趣但其性堅終不能齒決火煨三日纔拆得碎

淡菜

淡菜煨肉。加湯頗鮮。取肉去心。酒炒亦可。

海蝘

海蝘寧波小魚也。味同蝦米。以之蒸蛋甚佳。作小菜亦可。

烏魚蛋

烏魚蛋最鮮。最難服事。須河水滾透。撤沙去臊。再加雞湯蘑菇煨爛。龔雲巖司馬家製之最精。

江瑤柱

江瑤柱出寧波。治法與蚶蟶同。其鮮脆在柱。故剖殼時多棄少取。

蠣黃

蠣黃生石子上。殼與石子膠粘不分。剝肉作羹。與蚶蛤相似。一名鬼眼。樂清奉化兩縣土產。別地所無。

江鮮單

郭璞江賦魚族甚繁。今擇其常有者治之。作江鮮單。

刀魚二法

刀魚用蜜酒娘清醬。放盤中。如鰣魚法蒸之最佳。不必加水。如嫌刺多。則將極快刀刮取魚片。用鉗抽去其刺。用火腿湯雞湯筍湯煨之。鮮妙絕倫。金陵人畏其多刺。竟油炙極枯。然後煎之。諺曰。駝背夾直。其人不活。此之謂也。或用快刀將魚背斜切之。使碎骨盡斷。再下鍋煎黃。加作料。臨食時竟不知有骨。蕪湖陶大太法也。

鰣魚

鰣魚用蜜酒蒸食。如治刀魚法便佳。或竟用油煎。加清醬酒娘亦佳。萬不可切成碎塊。加雞湯煮。或去其背。專取其肚皮。則真味全失矣。

鱘魚

尹文端公。自夸治鱘鰉最佳。然煨之太熟。頗嫌重濁。惟在蘇州唐氏喫炒鰉魚片甚佳。其法切片油炮。加酒秋油滚三十次。下水再滚。起鍋加作料。重用瓜薑葱花。又一法。將魚白水煮十滚。去大骨。肉切小方塊。取明骨。切小方塊。雞湯去沫。先煨明骨八分熟。下酒秋油。再下魚肉。煨二分爛。起鍋加葱椒韭。重用薑汁一大杯。

黃魚

黃魚切小塊。醬酒鬱一個時辰。瀝乾。入鍋爆炒。兩面黃。加金華豆豉一茶杯。甜酒一碗。秋醬一小碗。同滚。候滷乾色紅。加糖加瓜薑收起。有沉浸濃郁之妙。又一法。將黃魚拆碎。入雞湯作羹。微用甜醬水縴粉收起之。亦佳。大抵黃魚亦係濃厚之物。不可以清治之也。

班魚

班魚最嫩。剥皮去穢。分肝肉二種。以雞湯煨之。下酒三分。水二分。秋油一分。起鍋時加薑汁一大碗。葱數莖。殺去腥氣。

假蟹

煮黃魚二條。取肉去骨。加生鹽蛋四個。調碎不拌。入魚肉。起油鍋炮。下雞湯滚。將鹽蛋攪勻。加香蕈葱薑汁酒。喫時酌用醋。

特牲單

猪用最多。可稱廣大教主。宜古人有特豚饋食之禮。作特牲單。

猪頭二法

洗淨五觔重者。用甜酒三觔。七八觔者。用甜酒五觔。先將豬頭下鍋同酒煮。下葱三十根八角三錢煮二百餘滾。下秋油一大杯糖一兩。候熟後嘗鹹淡。再將秋油加減添開水要漫過豬頭一寸。上壓重物。大火燒一炷香。退出大火用文火細煨收乾以膩為度。爛後即開鍋蓋。遲則走油。一法打木桶一個中用銅簾隔開。將豬頭洗淨。加作料悶入桶中。用文火隔湯蒸之。豬頭熟爛。而其膩垢悉從桶外流出亦妙。

豬蹄四法

蹄膀一隻。不用爪。白水煮爛。去湯。好酒一觔。清醬酒杯半。陳皮一錢。紅棗四五個。煨爛。起鍋時。用葱椒酒潑入。去陳皮紅棗。此一法也。又一法。先用蝦米煎湯代水。加酒秋油煨之。又一法。用蹄膀一隻。先煮熟。用素油灼皺其皮。再加作料紅煨。有土人好先掇食其皮。號稱揭單被。又一法。用蹄膀一隻。兩鉢合之。加酒加秋油隔水蒸之。以二枝香為度。號神仙肉。錢觀察家製最精。

豬爪豬筋

專取豬爪。剔去大骨。用雞肉湯清煨之。筋味與爪相同。可以搭配。有好腿爪。亦可攙入。

豬肚二法

將肚洗淨。取極厚處。去上下皮。單用中心。切骰子塊。滾油炮炒。加作料起鍋。以極脆為佳。此北人法也。南人白水加酒。煨兩枝香。以極爛為度。蘸清鹽食之。亦可。或加雞湯作料。煨爛熏切。亦佳。

豬肺二法

洗肺最難。以冽盡肺管血水。剔去包衣為第一着。敲之仆之。挂之倒之。抽管割膜。工夫最細。用酒水滾一日一夜。肺縮小如一片白芙蓉。浮於湯面。再加作料。上口如泥。湯西厓少宰宴客。每碗四片。已用四肺矣。近人無此工夫。只得將肺拆碎。入雞湯煨爛亦佳。得野雞湯更妙。以清配清故也。用好火腿煨亦可。

猪腰

腰片炒枯則木炒嫩則令人生疑不如煨爛蘸椒鹽食之為佳或加作料亦可只宜手摘不宜刀切但須一日工夫纔得如泥耳此物只宜獨用斷不可攙入別菜中最能奪味而惹腥煨三刻則老煨一日則嫩

猪裏肉

猪裏肉精而且嫩人多不食嘗在揚州謝蘊山太守席上食之而甘云以裏肉切片用縴粉團成小把入蝦湯中加香蕈紫菜清煨一熟便起

白片肉

須自養之猪宰後入鍋煮到八分熟泡在湯中一個時辰取起將猪身上行動之處薄片上桌不冷不熱以温為度此是北人擅長之菜南人效之終不能佳且零星市脯亦難用也寒士請客寧用燕窩不用白片肉以非多不可故也割法須用小快刀片之以肥瘦相參橫斜碎雜為佳與聖人割不正不食之語截然相反其猪身之名目甚多滿洲跳神肉最妙

紅煨肉三法

或用甜醬或用秋油或竟不用秋油甜醬每肉一觔用鹽三錢純酒煨之亦有用水者但須熬乾水氣三種治法皆紅如琥珀不可加糖炒色早起鍋則黃當可則紅過遲則紅色變紫而精肉轉硬常起鍋蓋則油走而味都在油中矣大抵割肉雖方以爛到不見鋒稜上口而精肉俱化為妙全以火候為主諺云緊火粥慢火肉至哉言乎

白煨肉

每肉一觔用白水煮八分好起出去湯用酒半觔鹽二錢半煨一個時辰用原湯一半加入滚乾湯膩為

度。再加葱椒木耳韭菜之類。火先武後文。又一法。每肉一觔。用糖一錢。酒半觔。水一觔。清醬半茶杯。先放酒滚肉一二十次。加回香一錢。放水悶爛亦佳。

油灼肉

用硬短勒切方塊。去筋襻。酒醬鬱過。入滚油中炮炙之。使肥者不膩。精者肉鬆。將起鍋時。加葱蒜。微加醋噴之。

乾鍋蒸肉

用小磁鉢。將肉切方塊。加甜酒秋油。裝入鉢內封口。放入鍋內。下用文火乾蒸之。以兩枝香為度。不用水。油與酒之多寡相肉而行。以蓋滿肉面為度。

蓋碗裝肉

放手爐上。法與前同。

磁罈裝肉

放礱糠中慢煨。法與前同。總須封口。

脫沙肉

去皮切碎。每一觔用雞子三個。青黃俱用。調和拌肉。再斬碎。入秋油半酒杯。葱末拌勻。用網油一張裹之。外再用菜油四兩。煎兩面。起出去油。用好酒一茶杯。清醬半酒杯。悶透。提起切片。肉之面上加韭菜香蕈筍丁。

晒乾肉

切薄片精肉。晒烈日中。以乾為度。用陳大頭菜夾片乾炒。

火腿煨肉

火腿切方塊。冷水滾三次。去湯瀝乾。將肉切方塊。冷水滾二次。去湯瀝乾。放清水煨。加酒四兩。葱椒筍蕈。

台鯗煨肉

法與火腿煨肉同。鯗易爛。須先煨肉至八分。再加鯗。涼之則號鯗凍。紹興人菜也。鯗不佳者。不必用。

粉蒸肉

用精肥參半之肉。炒米粉黃色。拌麵醬蒸之。下用白菜作墊。熟時不但肉美。且菜亦美。以不見水。味獨全。江西人菜也。

薰煨肉

先用秋油酒將肉煨好。帶汁上木屑薰之。不可太久。使乾濕參半。則香嫩異常。吳小谷廣文家製之精極。

芙蓉肉

精肉一觔切片。清醬拖過。風乾一個時辰。用大蝦肉四十個。猪油二兩。切骰子大。將蝦肉放在猪肉上。一隻蝦一塊肉。敲扁。將滾水煮熟。撩起。熬菜油半觔。將肉片放在有眼銅勺內。將滾油灌熟。再用秋油半杯。酒一杯。雞湯一茶杯。熬滾。澆肉片上。加蒸粉葱椒糁上起鍋。

荔枝肉

用肉切大骨牌片。放白水煮二三十滾。撩起。熬菜油半觔。將肉放入炮透。撩起。用冷水一激。肉皺。撩起放入鍋內。用酒半觔。清醬一小杯。水半觔。煮爛。

八寶肉

用肉一觔。精肥各半。白煮一二十滾。切柳葉片。小淡菜二兩。鷹爪二兩。香蕈一兩。花海蜇二兩。胡桃肉四個。去皮。笋片四兩。好火腿二兩。麻油一兩。將肉入鍋。秋油酒煨至五分熟。再加餘物。海蜇下最在後。

菜花頭煨肉

用臺心菜嫩蕊微醃。晒乾用之。

炒肉絲

切細絲。去筋襻皮骨。用清醬酒鬱片時。用菜油熬起。白烟變青烟後。下肉炒勻。不停手。加蒸粉醋一滴。糖一撮。葱白韭蒜之類。只炒半斤。大火不用水。又一法。用油炮後。用醬水加酒略煨。起鍋紅色。加韭菜尤香。

炒肉片

將肉精肥各半。切成薄片。清醬拌之。入鍋油炒。聞響即加醬水葱瓜冬笋韭芽。起鍋要火猛烈。

八寶肉圓

猪肉精肥各半。斬成細醬。用松仁香蕈笋尖荸薺瓜薑之類。斬成細醬。加縴粉和捏成團。放入盤中。加甜酒秋油蒸之。入口鬆脆。家致華云。肉圓宜切不宜斬。必別有所見。

空心肉圓

將肉捶碎鬱過。用凍猪油一小團作餡子。放在團內蒸之。則油流去。而團子空心矣。此法鎮江人最善。

鍋燒肉

煮熟不去皮。放麻油灼過。切塊加鹽。或蘸清醬亦可。

醬肉

先微醃。用麵醬醬之。或單用秋油拌鬱。風乾亦可。

糟肉

先微醃，再加米糟。

暴醃肉

微鹽擦揉，三日內即用。以上三味皆冬月菜也，春夏不宜

尹文端公家風肉

殺猪一口，斬成八塊，每塊炒鹽四錢，細細揉擦，使之無微不到，然後高挂有風無日處。偶有蟲蝕，以香油塗之。夏日取用，先放水中泡一宵，再煮，水亦不可太多太少，以蓋肉面為度。削片時，用快刀橫切，不可順肉絲而斬也。此物惟尹府至精，常以進貢。今徐州風肉不及，亦不知何故。

家鄉肉

杭州家鄉肉好醜不同，有上中下三等。大概淡而能鮮，精肉可橫咬者為上品。放久即是好火腿。

筍煨火肉

冬筍切方塊，火腿肉切方塊，同煨。火腿撤去鹽水兩遍，再入冰糖煨爛。席武山別駕云：凡火肉煮好後，若留作次日喫者，須留原湯，待次日將火肉投入湯中滾熱，纔好。若乾放離湯，則風燥而肉枯；用白水，則又味淡。

燒小猪

小猪一個，六七觔重者，鉗毛去穢，叉上炭火炙之。要四面齊到，以深黃色為度。皮上慢慢以奶酥油塗之，屢塗屢炙。食時酥為上，脆次之，硬斯下矣。旗人有單用酒秋油蒸者，亦惟吾家龍文弟頗得其法。

燒猪肉

凡燒猪肉，須耐性。先炙裡面肉，使油膏走入皮肉，則皮鬆脆而味不走。若先炙皮，則肉之油盡落火上，皮

既焦硬味亦不佳。燒小猪亦然。

排骨

取勒條排骨精肥各半者。抽去當中直骨。以葱[illegible]用醋醬。頻頻刷上。不可太枯。

羅簑肉

以作雞鬆之法作之。存蓋面之皮。將皮下精肉斬成肉團。加作料烹熟。聶廚能之。

端州三種肉

一羅簑肉。一鍋燒白肉。不加作料。以芝蔴鹽拌之。切片煨好。以清醬拌之。三種俱宜於家常。端州聶李二厨所作。特令楊二學之。

楊公圓

楊明府作肉圓。大如茶杯。細膩絕倫。湯尤鮮潔。入口如酥。大概去筋去節。斬之極細。肥瘦各半。用纖合匀。

黃芽菜煨火腿

用好火腿。削下外皮。去油存肉。先用雞湯將皮煨酥。再將肉煨酥。放黃芽菜心。連根切段。約二寸許長。加蜜酒娘及水。連煨半日。上口甘鮮。肉菜俱化。而菜根及菜心絲毫不散。湯亦美極。朝天宮道士法也。

蜜火腿

取好火腿。連皮切大方塊。用蜜酒煨極爛。最佳。但火腿好醜高低。判若天淵。雖出金華蘭溪義烏三處。而有名無實者多。其不佳者。反不如醃肉矣。惟杭州忠清里王三房家。四錢一觔者佳。余在尹文端公蘇州公館喫過一次。其香隔戶便至。甘鮮異常。此後不能再遇此尤物矣。

雜牲單 牛羊鹿三牲非南人家常時有之之物然製法不可不知作雜牲單

牛肉

買牛肉。先宜下各鋪定錢。湊取腿筋夾肉處。不精不肥。然後帶回家中。剔去皮膜。用三分酒二分水。清煨極爛。再加秋油收湯。此太牢獨味孤行者也。不可加別物配搭。

牛舌

牛舌最佳。去皮撕膜切片。入肉中同煨。亦有冬醃風乾者。隔年食之。極似好火腿。

羊頭

羊頭毛要去淨。如去不淨。用火燒之。洗淨。切開煮爛。去骨。其口內老皮俱要去淨。將眼睛切成二塊。去黑皮眼珠不用。切成碎丁。取老肥母雞湯煮之。加香蕈筍丁甜酒四兩。秋油一杯。如喫辣。用小胡椒十二顆葱花二十段。如喫酸。用好米醋一杯。

羊蹄

煨羊蹄照煨猪蹄法。分紅白二色。大抵用青醬者紅。用鹽者白。山藥配之宜。

羊羹

取熟羊肉斬小塊如骰子大。用雞湯煨。加筍丁香蕈丁山藥丁同煨。

羊肚羹

將羊肚洗淨煮爛切絲。用本湯煨之。加胡椒醋俱可。北人炒法。南人不能如其脆。錢璵沙方伯家。鍋燒羊肉極佳。將求其法。

紅煨羊肉

與紅煨猪肉同。加刺眼核桃。放入去羶。亦古法也。

炒羊肉絲

與炒猪肉絲同。可以用縴。愈細愈佳。葱絲拌之。

燒羊肉

羊肉切大塊。重五六觔者。鐵叉上燒之。味果甘脆。宜惹宋仁宗夜半之思也。

全羊

全羊法有七十二種。可喫者不過十八九種而已。此屠龍之技。家厨難學。一盤一碗。雖全是羊肉。而味各不同纔好。

鹿肉

鹿肉不可輕得。得而製之。其嫩鮮在獐肉之上。燒食可。煨食亦可。

鹿筋二法

鹿筋難爛。須三日前先捶煮之。絞出臊水數遍。加肉汁湯煨之。再用雞汁湯煨。加秋油酒。微縴收湯。不攙他物。便成白色。用盤盛之。如兼用火腿冬笋香蕈同煨。便成紅色。不收湯。以碗盛之。白色者加花椒細末。

獐肉

製獐肉與製牛鹿同。可以作脯。不如鹿肉之活。而細膩過之。

果子狸

果子狸鮮者難得。其醃乾者用蜜酒娘蒸熟。快刀切片。上桌先用米泔水泡一日。去盡鹽穢。較火腿覺嫩而肥。

鹿尾

尹文端公品味以鹿尾為第一。然南方人不能常得從北京來者。又苦不鮮新。余嘗得極大者。用菜葉包而蒸之。味果不同。其最佳處在尾上一道漿耳

假牛乳

用雞蛋清拌蜜酒娘。打掇入化。上鍋蒸之。以嫩膩為主。火候遲便老。蛋清太多亦老。

羽族單

雞功最巨諸菜賴之如善人積陰德而人不知故令領羽族之首而以他禽附之作羽族單

白片雞

肥雞白片。自是太羹元酒之味。尤宜於下鄉村入旅店。烹飪不及之時。最為省便。煮時水不可多。

雞松

肥雞一隻。用兩腿。去筋骨。剁碎。不可傷皮。用雞蛋清粉縴松子肉。同剁成塊。如腿不敷用。添脯子肉切成方塊。用香油灼黃。起放鉢頭內。加百花酒半觔。秋油一大杯。雞油一銅勺。加冬筍香蕈姜葱等。將所餘雞骨皮蓋面。加水一大碗。下蒸籠蒸透。臨喫去之。

生炮雞

小雛雞斬小方塊。秋油酒拌。臨喫時拏起。放滾油內灼之。起鍋又灼。連灼三回。盛起。用醋酒粉縴及葱花噴之。

雞粥

肥母雞一隻。用刀將兩脯肉去皮細刮。或用刨刀亦可。只可刮刨。不可斬。斬之便不膩矣。再用餘雞熬湯下之。喫時加細米粉火腿屑松子肉。共敲碎放湯內。起鍋時放葱姜。澆雞油。或去渣。或存渣。俱可。宜於老人。大概斬碎者去渣。刮刨者不去渣。

焦雞

肥母雞洗淨。整下鍋煮。用猪油四兩。回香四個。煮成八分熟。再拏香油灼黃。還下原湯熬濃。用秋油酒整葱收起。臨上片碎。并將原滷澆之。或拌蘸亦可。此楊中丞家法也。方輔兄家亦好。

捶雞

將整雞捶碎。秋油酒煮之。南京高南昌太守家製之最精。

炒雞片

用雞脯肉去皮。斬成薄片。用豆粉麻油秋油拌之。縴粉調之。雞蛋清拌。臨下鍋加醬瓜薑葱花末。須用極旺之火炒。一盤不過四兩。火氣纔透。

蒸小雞

用小嫩雞雛。整放盤中。上加秋油甜酒香蕈筍尖。飯鍋上蒸之。

醬雞

生雞一隻。用青醬浸一晝夜。而風乾之。此三冬菜也。

雞丁

取雞脯子。切骰子小塊。入滾油炮炒之。用秋油酒收起。加荸薺丁筍丁香蕈丁拌之。湯以黑色為佳。

雞圓

斬雞脯肉為圓。如酒杯大。鮮嫩如蝦圓。揚州臧八太爺家製之最精。法用雞蒻猪油縴粉揉成。不可放餡。

蘑菇煨雞

口蘑菇四兩。開水泡去砂。用冷水漂。牙刷擦。再用清水漂四次。用菜油二兩炮透。加酒噴。將雞斬塊放鍋內。滾去沫。下甜酒清醬。煨八分功程。下蘑菇。再煨二分功程。加筍葱椒起鍋。不用水。加冰糖三錢。

梨炒雞

取雛雞胷肉切片。先用猪油三兩熬熟。炒三四次。加蔴油一瓢。縴粉鹽花薑汁花椒末各一茶匙。再加雪梨薄片。香蕈小塊。炒三四次。起鍋盛五寸盤。

假野雞卷

將雞脯斬碎。雞子一個。調清醬鬱之。將網油劃碎。分包小包。油裡炮透。再加清醬酒作料。及香蕈木耳。起鍋加糖一撮。

黃芽菜炒雞

將雞切塊。起油鍋生炒透。酒滾二三十次。加秋油後滾二三十次。下水滾。將菜切塊。俟雞有七分熟。將菜下鍋。再滾三分。加糖葱各料。其菜要另滾熟攙用。每一隻用油四兩。

栗子炒雞

雞斬塊用菜油二兩炮。加酒一飯碗。秋油一小杯。水一飯碗。煨七分熟。先將栗子煮熟。同笋下之。再煨至三分。起鍋下糖一撮。

灼八塊

嫩雞一隻。斬八塊。滾油炮透。去油。加清醬一杯。酒半觔。煨熟便起。不用水。用武火。

珍珠團

熟雞脯子。切黃豆大塊。清醬酒拌勻。用乾麵滾滿。入鍋炒。炒用素油。

黃芪蒸雞治瘵

取童雞未曾生蛋者殺之。不見水。取出肝腸。塞黃芪一兩。架箸放鍋內蒸之。四面封口。熟時。取出滷濃而鮮。可療弱症。

滷雞

囫圇雞一隻。肚內塞葱三十條。茴香二錢。用酒一觔。秋油一小杯半。先滾一枝香。加水一觔。脂油二兩。一齊同煨。待雞熟。取出脂油。水要用熟水。收濃滷一飯碗。纔取起。或拆碎。或薄刀片之。仍以原滷拌食。

蔣雞

童子雞一隻。用鹽四錢。醬油一匙。老酒半茶杯。薑三大片。放砂鍋內。隔水蒸爛。去骨。不用水。蔣御史家法也。

唐雞

雞一隻。或二三觔。如用二觔者。用酒一飯碗。水三飯碗。用三觔者。酌添。先將雞切塊。用菜油二兩。候滾熟爆雞要透。先用酒滾一二十滾。再下水。約二三百滾。用秋油一酒杯。起鍋時。加白糖一錢。唐靜涵家法也。

雞肝

用酒醋噴炒。以嫩為貴。

雞血

取雞血為條。加雞湯醬醋索粉作羹。宜於老人。

雞絲

拆雞為絲。秋油芥末醋拌之。此杭州菜也。加笋芹俱可用。笋絲秋油酒炒亦可。拌者用熟雞。炒者用生雞

糟雞

糟雞法與糟肉同。

雞腎

取雞腎三十個。煮微熟。去皮。用雞湯加作料煨之。鮮嫩絕倫。

雞蛋

雞蛋去殼放碗中。將竹箸打一千回。蒸之。極嫩。凡蛋一煮而老。一千煮而反嫩。加茶葉煮者。以兩炷香為度。蛋一百。用鹽一兩。五十。用鹽五錢。加醬煨亦可。其他則或煎或炒俱可。斬碎黃雀蒸之。亦佳。

野雞五法

野雞披胸肉。清醬鬱過。以網油包放鐵奩上燒之。作方片可。作卷子亦可。此一法也。切片加作料炒。一法也。取胸肉作丁。一法也。當家雞整煨。一法也。先用油灼。拆絲。加酒秋油醋。同芹菜冷拌。一法也。生片其肉入火鍋中。登時便喫。亦一法也。其弊在肉嫩則味不入。味入則肉又老。

赤燉肉雞

赤燉肉雞。洗切淨。每一觔用好酒十二兩。鹽二錢五分。冰糖四錢。研酌加桂皮。同入砂鍋中。文炭火煨之。倘酒將乾。雞肉尚未爛。每觔酌加清開水一茶杯。

蘑菇煨雞

雞肉一觔。甜酒一觔。鹽三錢。冰糖四錢。蘑菇用新鮮不霉者。文火煨兩枝線香為度。不可用水。先煨雞八分熟。再加蘑菇。

鴿子

鴿子加好火腿同煨。甚佳。不用火肉亦可。

鴿蛋

煨鴿蛋法與煨雞腎同。或煎食亦可。加微醋亦可。

野鴨

野鴨切厚片。秋油鬱之。用兩片雪梨夾住炮煩之。蘇州包道台家製法最精。今失傳矣。用蒸家鴨法蒸之亦可。

蒸鴨

生肥鴨去骨。內用糯米一酒杯。火腿丁。大頭菜丁。香蕈筍丁。秋油酒。小磨麻油。葱花。俱灌鴨肚內。外用雞湯放盤中。隔水蒸透。此真定魏太守家法也。

鴨糊塗

用肥鴨白煮八分熟。冷定去骨。拆成天然不方不圓之塊。下原湯內煨。加鹽三錢。酒半斤。搥碎山藥同下鍋作縴。臨煨爛時。再加姜末。香蕈。葱花。如要濃湯。加放粉縴。以芋代山藥亦妙。

滷鴨

不用水用酒。煮鴨去骨。加作料食之。高要令楊公家法也。

鴨脯

用肥鴨斬大方塊。用酒半斤。秋油一杯。筍。香蕈。葱花悶之。收滷起鍋。

燒鴨

用雛鴨上叉燒之。馮觀察家廚最精。

挂滷鴨

塞葱鴨腹。蓋悶而燒。水西門許店最精。家中不能作。有黃黑二色。黃者更妙。

乾蒸鴨

杭州商人何星舉家乾蒸鴨。將肥鴨一隻。洗淨斬八塊。加甜酒秋油。淹滿鴨面。放磁罐中封好。置乾鍋中蒸之。用文炭火。不用水。臨上時。其精肉皆爛如泥。以線香二枝為度。

野鴨團

細斬野鴨胸前肉。加豬油微縴。調揉成團。入雞湯滚之。或用本鴨湯亦佳。大興孔親家製之甚精。

徐鴨

頂大鮮鴨一隻。用百花酒十二兩。青鹽一兩二錢。滚水一湯碗。沖化去渣沫。再換冷水七飯碗。鮮薑四厚片。約重一兩。同入大瓦蓋鉢内。將皮紙封固口。用大火籠燒透大炭吉三元。約二文一個。外用套包一個。將火籠罩定。不可令其走氣。約早點時燉起。至晚方好。速則恐其不透。味便不佳矣。其炭吉燒透後。不宜更換瓦鉢。亦不宜預先開看。鴨破開時。將清水洗後。用潔淨無漿布拭乾入鉢。

煨麻雀

取麻雀五十隻。以清醬甜酒煨之。熟後去爪脚。單取雀胸頭肉。連湯放盤中。甘鮮異常。其他鳥鵲俱可類推。但鮮者一時難得。薛生白常勸人。勿食人間豢養之物。以野禽味鮮。且易消化。

煨鷯鶉黄雀

鷯鶉用六合來者最佳。有現成製好者。黄雀用蘇州糟加蜜酒煨爛。下作料。與煨麻雀同。蘇州沈觀察煨黄雀。并骨如泥。不知作何製法。炒魚片亦精。其厨饌之精。合吳門推為第一。

雲林鵝

倪雲林集中。載製鵝法。整鵝一隻。洗淨後用鹽三錢擦其腹内。塞葱一帚填實其中。外將蜜拌酒通身滿塗之。鍋中一大碗酒。一大碗水蒸之。用竹箸架之。不使鵝身近水。竈内用山茅二束。緩緩燒盡為度。俟鍋蓋。冷後揭開鍋蓋。將鵝翻身。仍將鍋蓋封好蒸之。再用茅柴一束燒盡為度。柴俟其自盡。不可挑撥。鍋蓋用綿紙糊封。逼燥裂縫。以水潤之。起鍋時。不但鵝爛如泥。湯亦鮮美。以此法製鴨。味美亦同。每茅柴一束重一觔八兩。擦鹽時。攙入葱椒末子。以酒和勻。雲林集中。載食品甚多。只此一法。試之頗效。餘俱附會。

燒鵝

杭州燒鵝。為人所笑。以其生也。不如家廚自燒為妙。

水族有鱗單

魚皆去鱗。惟鰣魚不去。我道有鱗而魚形始全。作水族有鱗單。

邊魚

邊魚活者。加酒秋油蒸之。玉色為度。一作呆白色。則肉老而味變矣。并須蓋好。不可受鍋蓋上之水氣。臨起加香蕈笋尖。或用酒煎亦佳。用酒不用水。號假鰣魚。

鯽魚

鯽魚先要善買。擇其扁身而帶白色者。其肉嫩而鬆。熟後一提。肉即卸骨而下。黑脊渾身者。崛強槎枒。魚中之喇子也。斷不可食。照邊魚蒸法。最佳。其次煎喫亦妙。拆肉下可以作羹。通州人能煨之。骨尾俱酥。號酥魚。利小兒食。然總不如蒸食之得真味也。六合龍池出者。愈大愈嫩。亦奇。蒸時用酒不用水。稍微用糖以起其鮮。以魚之大小。酌量秋油酒之多寡。

白魚

白魚肉最細。用糟鰣魚同蒸之。最美。或冬日微醃。加酒娘糟二日。亦佳。余在江中得網起活者。用酒蒸食。美不可言。糟之最佳。不可太久。久則肉木矣。

季魚

季魚少骨。炒片最佳。炒者以薄片為貴。用秋油細鬱後。用纓粉蛋清摟之。入油鍋炒。加作料炒之。油用素油。

土步魚

杭州以土步魚為上品。而金陵人賤之。目為虎頭蛇。可發一笑。肉最鬆嫩。煎之煮之蒸之俱可。加醃芥作湯作羹尤鮮。

魚松

用青魚鯶魚蒸熟。將肉拆下。放油鍋中灼之黃色。加鹽花葱椒瓜薑。冬日封瓶中。可以一月。

魚圓

白魚青魚用活者。破半釘板上。用刀刮下肉。留刺在板上。將肉斬化。用豆粉豬油拌。將手攪之。放微微鹽水。不用清醬。加葱薑汁作團。成後。放滾水中煮熟。撩起冷水養之。臨喫入雞湯紫菜滾。

魚片

取青魚季魚片。秋油鬱之。加纓粉蛋清。起油鍋炮炒。用小盤盛起。加葱椒瓜薑。極多不過六兩。太多則火氣不透。

連魚豆腐

用大連魚煎熟。加豆腐。噴醬水葱酒滾之。俟湯色半紅起鍋。其頭味尤美。此杭州菜也。用醬多少。須相魚而行。

醋摟魚

用活青魚切大塊。油灼之。加醬醋酒噴之。湯多為妙。俟熟即速起鍋。此物杭州西湖上五柳居最有名。而今則醬臭而魚敗矣。甚矣宋嫂魚羹。徒存虛名。夢梁錄不足信也。魚不可大。大則味不入。不可小。小則刺多。

銀魚

銀魚起水時名冰鮮。加雞湯火腿煨之。或炒食甚嫩。乾者泡軟。用醬水炒亦妙。

台鯗

台鯗好醜不一。出台州松門者為佳。肉軟而鮮肥。生時拆之。便可當作小菜。不必煮食也。用鮮肉同煨。須肉爛時放鯗。否則鯗消化不見矣。凍之即為鯗凍。紹人之法也。

糟鯗

冬日用大鯉魚醃而乾之。入酒糟置罈中封口。夏日食之。不可燒酒作泡。用燒酒者。不無辣味。

蝦子勒鯗

夏日選白淨帶子勒鯗。放水中一日。泡去鹽味。太陽晒乾。入鍋油煎一面黃。取起。以一面未黃者鋪上蝦子。放盤中加白糖蒸之。以一炷香為度。三伏日食之絕妙。

魚脯

活青魚去頭尾。斬小方塊。鹽醃透風乾。入鍋油煎。加作料收滷。再炒芝麻滚拌起鍋。蘇州法也。

家常煎魚

家常煎魚。須要耐性。將鯶魚洗淨切塊。鹽醃壓扁。入油中。兩面煎黃。多加酒秋油。文火慢慢滚之。然後收湯作滷。使作料之味全入魚中。第此法指魚之不活者而言。如活者又以速起鍋為妙。

黃姑魚

徽州出小魚。二三寸長。晒乾寄來。加酒剝皮。放飯鍋上蒸而食之。其味最鮮。號黃姑魚。

水族無鱗單

魚無鱗者其腥加倍須加意烹飪以薑桂勝之作水族無鱗單

湯鰻

鰻魚最忌出骨。因此物性本腥重。不可過於擺布。失其天真。猶鰣魚之不可去鱗也。清煨者以河鰻一條。洗去滑涎。斬為寸段。入磁罐中。用酒水煨爛。下秋油起鍋。加冬醃新芥菜作湯。重用蔥薑之類。以殺其腥。常熟顧比部家用縴粉山藥乾煨亦妙。或加作料。直置盤中蒸之。不用水。家致華分司蒸鰻最佳。秋油酒四六兌。務使湯浮於本身。起籠時尤宜恰好。遲則皮皺味失。

紅煨鰻

鰻魚用酒水煨爛。加甜醬代秋油。入鍋收湯煨乾。加回香大料。起鍋有三病宜戒者。一皮有皺紋。皮便不酥。一肉散碗中。箸夾不起。一早下鹽豉。入口不化。揚州朱分司家製之最精。大抵紅煨者以乾為貴。使滷味收入鰻肉中。

炸鰻

擇鰻魚大者。去首尾。寸斷之。先用麻油炸熟。取起。另將鮮蒿菜嫩尖入鍋中。仍用原油炒透。即以鰻魚平鋪菜上。加作料。煨一炷香。蒿菜分量。較魚減半。

生炒甲魚

將甲魚去骨。用麻油炮炒之。加秋油一杯。雞汁一杯。此真定魏太守家法也。

醬炒甲魚

將甲魚煮半熟。去骨。起油鍋炮炒。加醬水蔥椒。收湯成滷。然後起鍋。此杭州法也。

帶骨甲魚

要一個半觔重者。斬四塊。加脂油三兩。起油鍋煎兩面黃。加秋油酒水煨。先武火後文火。至八分熟加蒜。

起鍋。用葱薑糖。甲魚宜小不宜大。俗號童子脚魚纔嫩。

青鹽甲魚

斬四塊。起油鍋炮透。每甲魚一觔。用酒四兩。大茴香三錢。鹽一錢半。煨至半好。下脂油二兩。切小骰塊再煨。加蒜頭。笋尖。起時用葱椒。或用秋油。不用鹽。此蘇州唐靜涵家法。大則老。小則腥。甲魚須買其中樣者。

湯煨甲魚

將甲魚白煮。去骨拆碎。用雞湯秋油酒煨湯二碗。收至一碗。起鍋用葱椒薑末糝之。吳竹嶼家製之最精。微用縴。纔得湯膩。

全殼甲魚

山東楊參將家製甲魚。去首尾。取肉及裙。加作料煨好。仍以原殼覆之。每宴客。一客之前。以小盤獻一甲魚。見者悚然。猶慮其動。惜未傳其法。

鱔絲羹

鱔魚煮半熟。劃絲去骨。加酒秋油煨之。微用縴粉。用金針菜冬瓜長葱為羹。南京廚者輒製鱔為炭。殊不可解。

炒鱔

拆鱔絲炒之略焦。如炒肉雞之法。不可用水。

段鱔

切鱔以寸為段。照煨鰻法煨之。或先用油炙使堅。再用冬瓜鮮笋香蕈作配。微用醬水。重用薑汁。

蝦圓

蝦圓照魚圓法。雞湯煨之。乾炒亦可。大概捶蝦時。不宜過細。恐失真味。魚圓亦然。或竟剁蝦肉。以紫菜拌之亦佳。

蝦餅

以蝦捶爛團而煎之。即為蝦餅。

醉蝦

帶殼用酒炙黃。撈起加清醬米醋煨之。用碗悶之。臨食放盤中。其殼俱酥。

炒蝦

炒蝦照炒魚法。可用韭配。或加冬醃芥菜。則不可用韭矣。有捶扁其尾單炒者。亦覺新異。

蟹

蟹宜獨食。不宜搭配他物。最好以淡鹽湯煮熟。自剝自食為妙。蒸者味雖全。而失之太淡。

蟹羹

剝蟹為羹。即用原湯煨之。不加雞汁。獨用為妙。見俗廚從中加鴨舌。或魚翅。或海參者。徒奪其味而惹其腥惡。劣極矣。

炒蟹粉

以現剝現炒之為佳。過兩個時辰。則肉乾而味失。

剝殼蒸蟹

將蟹剝殼。取肉取黃。仍置殼中。放五六隻在生雞蛋上蒸之。上桌時完然一蟹。惟去爪腳。比炒蟹粉覺有新式。楊蘭坡明府以南瓜肉拌蟹頗奇。

蛤蜊

剝蛤蜊肉加韭菜炒之佳。或為湯亦可。起遲便枯。

蚶

蚶有三喫法。用熱水噴之半熟。去蓋。加酒秋油醉之。或用雞湯滚熟。去蓋入湯。或全去其蓋作羹亦可。但宜速起。遲則肉枯。蚶出奉化縣。品在蛼螯蛤蜊之上。

蛼螯

先將五花肉切片。用作料悶爛。將蛼螯洗淨。麻油炒。仍將肉片連滷烹之。秋油要重些。方得有味。加豆腐亦可。蛼螯從揚州來。慮壞則取殼中肉置豬油中。可以遠行。有曬為乾者亦佳。入雞湯烹之。味在蟶乾之上。捶爛蛼螯作餅。如蝦餅樣。煎喫。加作料亦佳。

程澤弓蟶乾

程澤弓商人。家製蟶乾。用冷水泡一日。滚水煮兩日。撤湯五次。一寸之乾。發開有二寸。如鮮蟶一般。纔入雞湯煨之。揚州人學之。俱不能及。

鮮蟶

烹蟶法與蛼螯同。單炒亦可。何春巢家蟶湯豆腐之妙。竟成絕品。

水雞

水雞去身用腿。先用油灼之。加秋油甜酒瓜薑起鍋。或拆肉炒之。味與雞相似。

熏蛋

將雞蛋加作料煨好。微微熏乾。切片放盤中。可以佐膳。

茶葉蛋

雞蛋百個。用鹽一兩。粗茶葉煮兩枝線香為度。如蛋五十個。只用五錢鹽。照數加減。可作點心。

雜素菜單

菜有葷素。猶衣有表裏也。富貴之人嗜素甚於嗜葷。作素菜單。

蔣侍郎豆腐

豆腐兩面去皮。每塊切成十六片。晾乾。用猪油熱。清烟起纔下豆腐。略洒鹽花一撮。翻身後。用好甜酒一茶杯。大蝦米一百二十個。如無大蝦米。用小蝦米三百個。先將蝦米滾泡一個時辰。秋油一小杯。再滾一回。加糖一撮。再滾一回。用細葱半寸許長。一百二十段。緩緩起鍋。

楊中丞豆腐

用嫩腐煮去豆氣。入雞湯。同鰒魚片滾數刻。加糟油香蕈起鍋。雞汁須濃。魚片要薄。

張愷豆腐

將蝦米搗碎入豆腐中。起油鍋。加作料乾炒。

慶元豆腐

將豆豉一茶杯。水泡爛。入豆腐同炒起鍋。

芙蓉豆腐

用腐腦放井水泡三次。去豆氣。入雞湯中滾。起鍋時加紫菜蝦肉。

王太守八寶豆腐

用嫩片切粉碎。加香蕈屑蘑菇屑松子仁屑瓜子仁屑雞屑火腿屑。同入濃雞汁中炒滾。起鍋。用腐腦亦可。用瓢不用箸。孟亭太守云。此皇帝賜徐健菴尚書方也。尚書取方。御膳房費一千兩。太守之祖樓村先生為尚書門生故得之。

程立萬豆腐

乾隆廿三年。同金壽門在揚州程立萬家。食煎豆腐。精絕無雙。其腐兩面黃乾。無絲毫滷汁。微有蛼螯鮮味。然盤中並無蛼螯及他雜物也。次日告查宣門。查曰。我能之。我當特請。已而同杭菫浦同食於查家。則上箸大笑。乃純是雞雀腦為之。並非真豆腐。肥膩難耐矣。其費十倍於程。而味遠不及也。惜其時余以妹喪急歸。不及向程求方。程逾年亡。至今悔之。仍存其名。以俟再訪。

凍豆腐

將豆腐凍一夜。切方塊。滾去豆味。加雞湯汁火腿汁肉汁煨之。上桌時。撤去雞火腿之類。單留香蕈冬筍。豆腐煨久則鬆。面起蜂窩。如凍腐矣。故炒腐宜嫩。煨者宜老。家致華分司。用蘑菇煮豆腐。雖夏月亦照凍腐之法。甚佳。切不可加葷湯。致失清味。

蝦油豆腐

取陳蝦油代清醬。炒豆腐須兩面煎黃。油鍋要熱。用豬油葱椒。

蓬蒿菜

取蒿尖用油灼癟。放雞湯中滾之。起時加松菌百枚。

蕨菜

用蕨菜不可愛惜。須盡去其枝葉。單取直根。洗淨煨爛。再用雞肉湯煨。必買矮弱者纔肥。

葛仙米

將米細檢淘淨。煮半爛。用雞湯火腿湯煨。臨上時。要只見米。不見雞肉火腿攙和纔佳。此物陶方伯家製之最精。

羊肚菜

羊肚菜出湖北。食法與葛仙米同。

石髮

製法與葛仙米同。夏日用麻油醋秋油拌之。亦佳。

珍珠菜

製法與蕨菜同。上江新安所出。

素燒鵝

煮爛山藥。切寸為段。腐皮包。入油煎之。加秋油酒糖瓜薑。以色紅為度。

韭

韭葷物也。專取韭白。加蝦米炒之便佳。或用鮮蝦亦可。蜆亦可。肉亦可。

芹

芹素物也。愈肥愈妙。取白根炒之。加筍以熟為度。今人有以炒肉者。清濁不倫。不熟者雖脆無味。或生拌野雞。又當別論。

豆芽

豆芽柔脆。余頗愛之。炒須熟爛。作料之味。纔能融洽。可配燕窩。以柔配柔。以白配白故也。然以極賤而陪極貴。人多嗤之。不知惟巢由正可陪堯舜耳。

茭白

茭白炒肉炒雞俱可。切整段醬醋炙之尤佳。煨肉亦佳。須切片以寸為度。初出瘦細者無味。

青菜

青菜擇嫩者。筍炒之。夏日芥末拌。加微醋。可以醒胃。加火腿片。可以作湯。亦須現拔者纔軟。

臺菜

炒臺菜心最懦。剝去外皮。入蘑菇新筍作湯。炒食加蝦肉亦佳。

白菜

白菜炒食。或筍煨亦可。火腿片煨雞湯煨俱可。

黃芽菜

此菜以北方來者為佳。或用醋摟。或加蝦米煨之。一熟便喫。遲則色味俱變。

瓢兒菜

炒瓢菜心。以乾鮮無湯為貴。雪壓後更軟。王孟亭太守家製之最精。不加別物。宜用葷油。

波菜

波菜肥嫩。加醬水豆腐煮之。杭人名金鑲白玉板是也。如此種菜雖瘦而肥。可不必再加筍丁香蕈。

蘑菇

蘑菇不止作湯。炒食亦佳。但口蘑最易藏沙。更易受霉。須藏之得法。製之得宜。雞腿蘑便易收拾。亦復討好。

松蕈

松蕈加口蘑炒最佳。或單用秋油泡食亦妙。惟不便久留耳。置各菜中俱能助鮮。可入燕窩作底墊。以其嫩也。

麪筋三法

一法麪筋入油鍋炙枯。再用雞湯蘑菇清煨。一法不炙。用水泡切條。入濃雞汁炒之。加冬笋天花。章淮樹觀察家製之最精。上盤時宜毛撕。不宜光切。加蝦米泡汁甜醬炒之。甚佳。

茄二法

吳小谷廣文家。將整茄子削皮。滚水泡去苦汁。猪油炙之。炙時須待泡水乾後。用甜醬水乾煨。甚佳。盧八太爺家切茄作小塊。不去皮。入油灼微黃。加秋油炮炒。亦佳。是二法者。俱學之而未盡其妙。惟蒸爛劃開。用蔴油米醋拌。則夏間亦頗可食。或煨乾作脯。置盤中。

莧羹

莧須細摘嫩尖。乾炒。加蝦米或蝦仁。更佳。不可見湯。

芋羹

芋性柔膩。入葷入素俱可。或切碎作鴨羹。或煨肉。或同豆腐加醬水煨。徐兆璜明府家。選小芋子。入嫩雞煨湯。妙極。惜其製法未傳。大抵只用作料。不用水。

豆腐皮

將腐皮泡軟。加秋油醋蝦米拌之。宜於夏日。蔣侍郎家入海參用。頗妙。加紫菜蝦肉作湯。亦相宜。或用蘑菇笋煨清湯。亦佳。以爛為度。蕪湖敬修和尚。將腐皮捲筒切段。油中微炙。入蘑菇煨爛。極佳。不可加雞湯。

扁豆

取現採扁豆。用肉湯炒之。去肉存豆。單炒者油重為佳。以肥軟為貴。毛糙而瘦薄者。瘠土所生。不可食。

瓠子黄瓜

將鮮魚切片先炒。加瓠子同醬汁。煨黃瓜亦然

煨木耳香蕈

揚州定慧菴僧。能將木耳煨二分厚。香蕈煨三分厚。先取蘑菇熬汁為滷。

冬瓜

冬瓜之用最多。拌燕窩魚肉鰻鱔火腿皆可。揚州定慧菴所製尤佳。紅如血珀。不用葷湯。

煨鮮菱

煨鮮菱以雞湯滚之。上時將湯撤去一半。池中現起者纔鮮。浮水面者纔嫩。加新栗白果煨爛尤佳。或用糖亦可。作點心亦可。

豇豆

豇豆炒肉。臨上時去肉存豆。以極嫩者。抽去其筋。

煨三筍

將天目筍冬筍問政筍煨入雞湯。號三筍羹。

芋煨白菜

芋煨極爛。入白菜心烹之。加醬水調和。家常菜之最佳者。惟白菜須新摘肥嫩者。色青則老。摘久則枯。

香珠豆

毛豆至八九月間。晚收者最闊大而嫩。號香珠豆。煮熟以秋油酒泡之。出殼可。帶殼亦可。香軟可愛。尋常之豆不可食也。

馬蘭

馬蘭頭摘取嫩者。醋合筍拌食。油膩後食之。可以醒脾。

楊花菜

南京三月有楊花菜。柔脆與菠菜相似。名甚雅。

問政筍絲

問政筍即杭州筍也。徽州人送者。多是淡筍乾。只好泡爛切絲。用雞肉湯煨用。龔司馬取秋油煮筍烘乾上桌。徽人食之。驚為異味。余笑其如夢之方醒也。

炒雞腿蘑菇

蕪湖大菴和尚洗淨雞腿。蘑菇去沙。加秋油酒炒熟。盛盤宴客甚佳。

猪油煮蘿蔔

用熟猪油炒蘿蔔。加蝦米煨之。以極熟為度。臨起鍋加葱花。色如琥珀。

小菜單

小菜佐食。如府史胥徒佐六官也。醒脾解濁。全在於斯。作小菜單。

筍脯

筍脯出處最多。以家園所烘為第一。取鮮筍加鹽煮熟。上籃烘之。須晝夜環看。稍火不旺則溲矣。用清醬者色微黑。春筍冬筍皆可為之。

天目筍

天目筍多在蘇州發賣。其簍中蓋面者最佳。下二寸便攙入老根硬節矣。須出重價專買其蓋面者數十條。如集狐成腋之義。

玉蘭片

以冬筍烘片。微加蜜焉。蘇州孫春陽家有鹽甜二種。以鹽者為佳。

素火腿

處州筍脯。號素火腿。即處片也。究之太硬。不如買毛筍自烘之為妙。

宣城筍脯

宣城筍尖。色黑而肥。與天目筍大同小異。極佳。

人參筍

製細筍如人參形。微加蜜水。揚州人重之。故價頗貴。

筍油

筍十斤。蒸一日一夜。穿通其節。鋪板上。如作豆腐法。上加一板壓而笮之。使汁水流出。加炒鹽一兩便是筍油。其筍晒乾。仍可作脯。天台僧製以送人。

糟油

糟油出太倉州。愈陳愈佳。

蝦油

買蝦子數斤。同秋油入鍋熬之。起鍋用布瀝出秋油。乃將布包蝦子。同放罐中盛油。

喇虎醬

秦椒搗爛。和甜醬蒸之。可用蝦米攙入。

熏魚子

熏魚子色如琥珀。以油重為貴。出蘇州孫春陽家。愈新愈妙。陳則味變而油枯。

醃冬菜黃芽菜

醃冬菜黃芽菜，淡則味鮮，鹹則味惡。然欲久放，則非鹽不可。常醃一大罈，三伏時開之，上半截雖臭爛，而下半截香美異常，色白如玉，甚矣相士之不可但觀皮毛也。

萵苣

食萵苣有二法。新醬者鬆脆可愛，或醃之為脯，切片食甚鮮。然必以淡為貴，鹹則味惡矣。

香乾菜

春芥心風乾，取梗，淡醃，晒乾，加酒加糖加秋油，拌後再蒸之，入瓶。

冬芥

冬芥名雪裡紅。一法整醃，以淡為佳；一法取心風乾，斬碎，醃入瓶中，熟後雜魚羹中極鮮；或用醋煨，入鍋中作辣菜亦可，煮鰻煮鯽魚最佳。

春芥

取芥心風乾斬碎，醃入瓶，號稱挪菜。

芥頭

芥根切片，入菜同醃，食之甚脆。或整醃晒乾作脯，食之尤妙。

芝蔴菜

醃芥晒乾，斬之碎極，蒸而食之，號芝蔴菜，老人所宜。

腐乾絲

將好腐乾切極細絲，以蝦子秋油拌之。

風瘪菜

將冬菜取心風乾。醃後榨出滷。小瓶裝之。泥封其口。倒放灰上。夏日食之。其色黃。其味香。

糟菜

醃過風瘪菜。以菜葉包之。每一小包。鋪一面香糟。重疊放罈內。取食時。開包食之。糟不沾菜。而菜得糟味。

酸菜

冬菜心風乾。微醃。加糖醋芥末。帶滷入罐中。微加秋油亦可。席間醉飽之餘。食之醒脾解酒。

臺菜心

取春日臺菜心醃之。榨出其滷。裝小瓶之中。夏日食之。風乾其花。即名菜花頭。可以烹肉。

大頭菜

大頭菜出南京承恩寺。愈陳愈佳。入葷菜中。最能發鮮。

蘿蔔

蘿蔔取肥大者。醬一二日即喫。甜脆可愛。有侯尼能製為鯗。煎片如蝴蝶。長至丈許。連翩不斷。亦一奇也。承恩寺有賣者。用醋為之。以陳為妙。

乳腐

乳腐以蘇州溫將軍廟前者為佳。黑色而味鮮。有乾濕二種。有蝦子腐亦鮮。微嫌腥耳。廣西白乳腐最佳。王庫官家製亦妙。

醬炒三果

核桃杏仁去皮。榛子不必去皮。先用油炮脆。再下醬。不可太焦。醬之多少。亦須相物而行。

醬石花

將石花洗淨入醬中。臨喫時再洗。一名麒麟菜。

石花糕

將石花熬爛作膏。仍用刀畫開。色如蜜蠟。

小松蕈

將清醬同松蕈入鍋滾熟。收起加麻油入罐中。可食二日。久則味變。

吐蛈

吐蛈出興化泰興。有生成極嫩者。用酒娘浸之。加糖則自吐其油。名為泥螺。以無泥為佳。

海蟄

用嫩海蟄甜酒浸之。頗有風味。其光者名為白皮。作絲酒醋同拌。

蝦子魚

子魚出蘇州。小魚生而有子。生時烹食之。較美於鯗。

醬薑

生薑取嫩者微醃。先用粗醬套之。再用細醬套之。凡三套之。始成。古法用蟬退一個入醬。則薑久而不老。

醬瓜

醬瓜醃後風乾入醬。如醬薑之法。不難其甜。而難其脆。杭州施魯箴家製之最佳。據云醬後曬乾又醬。故而皮薄而皺。上口脆。

新蠶豆

新蠶豆之嫩者。以醃芥菜炒之甚妙。隨採隨食方佳。

醃蛋

醃蛋以高郵爲佳。顏色細而油多。高文端公最喜食之。席間先夾取以敬客。放盤中。總宜切開帶殼。黃白兼用。不可存黃去白。使味不全。油亦走散。

混套

將雞蛋外殼微敲一小洞。將清黃倒出。去黃。用清。加濃雞滷煨就者拌入。用箸打良久。使之融化。仍裝入蛋殼中。上用紙封好。飯鍋蒸熟。剝去外殼。仍渾然一雞卵。此味極鮮。

茭瓜脯

茭瓜入醬取起。風乾切片。成脯。與筍脯相似。

牛首腐乾

豆腐乾以牛首僧製者爲佳。但山下賣此物者有七家。惟曉堂和尚家所製方妙。

醬王瓜

王瓜初生時。擇細者醃之。入醬。脆而鮮。

點心單

梁昭明以點心爲小食。鄭傪嫂勸叔且點心。由來舊矣。作點心單

鰻麵

大鰻一條。蒸爛拆肉去骨。和入麵中。入雞湯清揉之。擀成麵皮。小刀劃成細條。入雞汁火腿汁蘑菇汁滚。

温麵

將細麵下湯瀝乾。放碗中。用雞肉香蕈濃滷。臨喫各自取瓢加上。

鱔麵

熬鱔成滷。加麵再滚。此杭州法。

裙帶麵

以小刀切麵成條。微寬。則號裙帶麵。大概作麵。總以湯多為佳。在碗中望不見麵為妙。寧使食畢再加。以便引人入勝。此法揚州盛行。恰甚有道理。

素麵

先一日將蘑菇蓬熬汁。澄清。次日將筍熬汁。加麵滚上。此法揚州定慧菴僧人製之極精。不肯傳人。然其大概亦可倣求。其純黑色的。或云暗用蝦汁蘑菇原汁。只宜澄去泥沙。不重換水。一換水則原味薄矣。

蓑衣餅

乾麵用冷水調。不可多揉。擀薄後。捲攏再擀薄了。用猪油白糖鋪勻。再捲攏擀成薄餅。用猪油煎黃。如要鹹的。用葱椒鹽亦可。

蝦餅

生蝦肉葱鹽花椒甜酒脚少許。加水和麵。香油灼透。

薄餅

山東孔藩台家製薄餅。薄若蟬翼。大若茶盤。柔膩絕倫。家人如其法為之。卒不能及。不知何故。秦人製小錫罐。裝餅三十張。每客一罐。餅小如柑。罐有蓋。可以貯餡。用炒肉絲。其細如髮。葱亦如之。猪羊並用。號曰西餅。

松餅

南京蓮花橋教門方店最精。

麵老鼠

以熱水和麵。俟雞汁滚時。以箸夾入。不分大小。加活菜心。別有風味。

顛不稜 即肉餃也

糊麵攤開。裹肉為餡蒸之。其討好處。全在作餡得法。不過肉嫩去筋。作料而已。余到廣東喫官鎮台顛不稜甚佳。中用肉皮煨膏為餡。故覺軟美。

肉餛飩

作餛飩與餃同。

韭合

韭菜切末。加作料麵皮包之。入油灼之。麵內加酥更妙。

糖餅

糖水溲麵。起油鍋令熱。用箸夾入。其作成餅形者。號軟鍋餅。杭州法也。

燒餅

用松子胡桃仁敲碎。加糖屑脂油和麵炙之。以兩面煎黃為度。面加芝蔴。扣兒會做麵餅。至五六次。則白如雪矣。須用兩面鍋。上下放火。得奶酥更佳。

千層饅頭

楊參戎家製饅頭。其白如雪。揭之如有千層。金陵人不能也。其法揚州得半。常州無錫亦得其半。

麵茶

熬粗茶汁炒麵兒。入加芝蔴醬亦可。加牛乳亦可。微加一撮盐。無乳則加奶酥皮亦可。

酪

搥杏仁作漿。挍去渣。拌米粉。加糖熬之

粉衣

如作麵衣之法。加糖加鹽俱可。取其便也

竹葉粽

取竹葉裹白糯米煮之。尖小。如初生菱角。

蘿蔔湯圓

蘿蔔刨絲。滚熟。去臭氣。微乾。加葱醬拌之。放粉團中作餡。再用蔴油灼之。湯滚亦可。春圃方伯家製蘿蔔餅。扣兒學會。可照此法作韭菜餅野雞餅試之

水粉湯圓

用水粉和作湯圓。滑膩異常。中用松仁核桃猪油糖作餡。或嫩肉去筋絲搥爛。加葱末秋油作餡亦可。作水粉法。以糯米浸水中一日夜。帶水磨之。用布盛接布下。加灰以去其渣。取細粉晒乾用。

脂油糕

用純糯粉拌脂油。放盤中蒸熟。加冰糖搥碎入粉中。蒸好用刀切開。

雪花糕

蒸糯飯搗爛。用芝蔴屑加糖為餡。打成一餅。再切方塊

軟香糕

軟香糕以蘇州都林橋為第一。其次虎邱糕。西施家為第二。南京南門外報恩寺則第三也。

百果糕

杭州北關外賣者最佳。以糯粉多松仁胡桃而不放橙丁者為妙。其甜處非蜜非糖。可暫可久。家中不能得其法。

栗糕

煮栗極爛。以純糯粉加糖為糕蒸之。上加瓜仁松子。此重陽小食也。

青糕青團

搗青草為汁。和粉作團。色如碧玉。

合歡餅

蒸飯為糕。以木印印之。如小珙璧狀。入鐵架熯之。微用油。方不粘架。

雞豆糕

研碎雞豆。用微粉為糕。放盤中蒸之。臨食用小刀片開。

雞豆粥

磨碎雞豆為粥。鮮者最佳。陳者亦可。加山藥茯苓尤妙。

金團

杭州金團。鑿木為桃杏元寶之狀。和粉搦成。入木印中便成。其餡不拘葷素。

藕粉百合粉

藕粉非自磨者信之不真。百合粉亦然。

蘇團

蒸糯米搗爛為團。用芝麻屑拌糖作餡。

芋粉團

磨芋粉晒乾。和米粉用之。朝天宮道士製芋粉團。野雞餡極佳。

熟藕

藕須灌米加糖自煮。并湯極佳。外賣者多用灰水。味變不可食也。余性愛食嫩藕。雖軟熟而以齒決。故味在也。如老藕一煮成泥。便無味矣。

新栗新菱

新出之栗。爛煮之。有松子仁香。廚人不肯煨爛。故金陵人有終身不知其味者。新菱亦然。金陵人待其老方食故也。

蓮子

建蓮雖貴。不如湖蓮之易煮也。大概小熟。抽心去皮。後下湯。用文火煨之。悶住合蓋。不可開視。不可停火。如此兩炷香。則蓮子熟時不生骨矣。

芋

十月天晴。取芋子芋頭晒之極乾。放草中。勿使凍傷。春間煮食。有自然之甘。俗人不知。

蕭美人點心

儀真南門外。蕭美人善製點心。凡饅頭糕餃之類。小巧可愛。潔白如雪。

劉方伯月餅

用山東飛麵作酥為皮。中用松仁核桃仁瓜子仁為細末。微加冰糖和猪油作餡。食之不覺甚甜。而香鬆柔膩。迥異尋常。

陶方伯十景點心

每至年節。陶方伯夫人。手製點心十種。皆山東飛麵所為。奇形詭狀。五色紛披。食之皆甘。令人應接不暇。薩制軍云。喫孔方伯薄餅。而天下之薄餅可廢。喫陶方伯十景點心。而天下之點心可廢。自陶方伯亡。而此點亦成廣陵散矣。嗚呼。

楊中丞西洋餅

用雞蛋清和飛麵作稠水。放碗中。打銅夾剪一把。頭上作餅形如碟大。上下兩面。銅合縫處不到一分。生烈火烘銅夾。一糊一夾一熯。頃刻成餅。白如雪。明如綿紙。微加冰糖松仁屑子。

白雲片

南殊鍋巴。薄如綿紙。以油炙之。微加白糖。上口脆。金陵人製之最精。號白雲片。

風枵

以白粉浸透。製小片。入猪油灼之。起鍋加糖糝之。色白如霜。上口而化。杭人號曰風枵。

三層玉帶糕

以純糯粉作糕。分作三層。一層粉。一層猪油白糖。夾好蒸之。蒸熟切開。蘇州人法也。

運司糕

盧雅雨作運司。年已老矣。揚州店中作糕獻之。大加稱賞。從此遂有運司糕之名。色白如雪。點胭脂紅如桃花。微糖作餡。淡而彌旨。以運司衙門前店作為佳。他店粉粗色劣。

沙糕

糯粉蒸糕，中夾芝蔴糖屑。

小饅頭小餛飩

作饅頭如胡桃大，就蒸籠食之。每箸可夾一雙。揚州物也。揚州發酵最佳，手捺之不盈半寸，放鬆仍隆然而高。小餛飩小如龍眼，用雞湯下之。

雪蒸糕法

每磨細粉用糯米二分，粳米八分為則。一拌粉，將粉置盤中，用涼水細細灑之，以捏則如團，撒則如砂為度。將粗麻篩篩出，其剩下塊搓碎，仍於篩上盡出之，前後和勻，使乾濕不偏枯，以巾覆之，勿令風乾日燥，聽用。（水中酌加上洋糖則更有味，拌粉與市中枕兒糕法同）一錫圈及錫錢俱宜洗剔極淨，臨時略將香油和水布蘸拭之。每一蒸後必一洗一拭。一錫圈內將錫錢置妥，先鬆裝粉一小半，將果餡輕置當中，後將粉鬆裝滿圈，輕輕攩平，套湯瓶上蓋之，視蓋口氣直衝為度。取出覆之，先去圈，後去錢，飾以胭脂，兩圈更遞為用。一湯瓶宜洗淨，置湯分寸以及肩為度。然多滾則湯易涸，宜留心看視，備熱水頻添。

作酥餅法

冷定脂油一碗，開水一碗，先將油同水攪勻，入生麵，儘揉要軟，如捍餅一樣。外用蒸熟麵入脂油，合作一處，不要硬了。然後將生麵做團子，如核桃大，將熟麵亦作團子，略小一暈，再將熟麵團子包在生麵團子中，捍成長餅，長可八寸，寬二三寸許，然後折疊如碗樣，包上穰子。

天然餅

涇陽張荷塘明府家製天然餅，用上白飛麵，加微糖及脂油為酥，隨意搦成餅樣，如碗大，不拘方圓，厚二分許。用潔淨小鵝子石。襯而熯之。隨其自爲凹凸。色半黃便起。鬆美異常。或用鹽亦可。

花邊月餅

明府家製花邊月餅。不在山東劉方伯之下。余常以轎迎其女廚來園製造。看用飛麪拌生猪油子團百搦。纔用棗肉嵌入爲餡。裁如碗大。以手搦其四邊菱花樣。用火盆兩個。上下覆而炙之。棗不去皮。取其鮮也。油不先熬。取其生也。含之上口而化。甘而不膩。鬆而不滯。其工夫全在搦中。愈多愈妙。

製饅頭法

偶食新明府饅頭。白細如雪。面有銀光。以爲是北麪之故。龍云不然。麪不分南北。只要羅得極細。羅篩至五次。則自然白細。不必北麪也。惟做酵最難。請其庖人來教。學之卒不能鬆散。

揚州洪府粽子

洪府製粽。取頂高糯米。檢其完善長白者。去其半顆散碎者。淘之極熟。用大箬葉裹之。中放好火腿一大塊。封鍋悶煨。一日一夜。柴薪不斷。食之滑膩溫柔。肉與米化。或云即用火腿肥者斬碎。散置米中。

飯粥單

粥飯本也。餘菜末也。本立而道生。作飯粥單。

飯

王莽云。鹽者百肴之將。余則曰。飯者百味之本。詩稱釋之溲溲。蒸之浮浮。是古人亦吃蒸飯。然終嫌米汁不在飯中。善煮飯者。雖煮如蒸。依然顆粒分明。入口軟糯。其訣有四。一要米好。或香稻。或冬霜。或晚米。或觀音秈。桃花秈。舂之極熟。霉天風攤播之。不使惹霉發疹。一要善淘。淘米時不惜工夫。用手揉擦。須使水從籮中淋出。竟成清水。無復米色。一要用火。先武後文。悶起得宜。一要相米放水。不多不少。燥濕得宜。往往見富貴人家。講菜不講飯。逐末忘本。真爲可笑。余不喜湯澆飯。惡失飯之本味故也。湯果佳。寧一口吃湯。一口喫飯。分前後食之。方兩全其美。不得已則用茶用開水淘之。猶不奪飯之正味。飯之甘在百味之上。知味者遇好飯。不必用菜。

粥

見水不見米。非粥也。見米不見水。非粥也。必使水米融洽。柔膩如一。而后謂之粥。尹文端公曰。寧人等粥。毋粥等人。此真名言。防停頓而味變湯乾故也。近有為鴨粥者。入以葷腥。為八寶粥者。入以果品。俱失粥之正味。不得已則夏用綠豆。冬用黍米。以五穀入五穀。尚屬不妨。余常食於某觀察家。諸菜尚可。而飯粥粗糲。勉強咽下。歸而大病。常戲語人曰。此是五藏神暴落難。是故自禁受不得。

茶酒單

七碗生風一杯忘世非飲用六清不可作茶酒單

茶

欲治好茶。先藏好水。水求中泠惠泉。人家中何能置驛而辦。然天泉水雪水。力能藏之。水新則味辣。陳則味甘。嘗盡天下之茶。以武夷山頂所生。沖開白色者為第一。然入貢尚不能多。況民間乎。其次莫如龍井。清明前者。號蓮心。太覺味淡。以多用為妙。雨前最好。一旗一槍。綠如碧玉。收法須用小紙包。每包四兩。放石灰罈中。過十日則換石灰。上用紙蓋扎住。否則氣出而味色全變矣。烹時用武火。用穿心罐。一滾便泡。滾久則水味變矣。停滾再泡。則葉浮矣。一泡便飲。用蓋掩之。則味又變矣。此中消息。間不容髮也。山西裴中丞嘗謂人曰。余昨日過隨園。纔喫一杯好茶。嗚呼。公山西人也。能為此言。而我見士大夫生長杭州。一入宦場。便喫熬茶。其苦如藥。其色如血。此不過腸肥腦滿之人。喫檳榔法也。俗矣。除吾鄉龍井外。余以為可飲者臚列於後。

一 武夷茶

余向不喜武夷茶。嫌其濃苦。如飲藥。然丙午秋。余遊武夷。到曼亭峯天遊寺諸處。僧道爭以茶獻。杯小如胡桃。壺小如香櫞。每斟無一兩。上口不忍遽咽。先嗅其香。再試其味。徐徐咀嚼而體貼之。果然清芬撲鼻。舌有餘甘。一杯之後。再試一二杯。令人釋躁平矜。怡情悅性。始覺龍井雖清。而味薄矣。陽羨雖佳。而韻遜矣。頗有玉與水晶品格不同之故。故武夷享天下盛名。真乃不忝。且可以瀹至三次。而其味猶未盡。

一龍井茶

杭州山茶。處處皆清。不過以龍井為最耳。每還鄉上冢。見管墳人家送一杯茶。水清茶綠。富貴人所不能喫者也。

一常州陽羨茶

陽羨茶深碧色。形如雀舌。又如巨米。味較龍井略濃。

一洞庭君山茶

洞庭君山出茶。色味與龍井相同。葉微寬而綠過之。採掇最少。方毓川撫軍曾惠兩瓶。果然佳絕。後有送者。俱非真君山物矣。

此外如六安銀針毛尖梅片安化概行黜落

酒

余性不近酒。故律酒過嚴。轉能深知酒味。今海內動行紹興。然滄酒之清。潯酒之洌。川酒之鮮。豈在紹興下哉。大概酒似耆老宿儒。越陳越貴。以初開罈者為佳。諺所謂酒頭茶脚是也。頓法不及則涼。太過則老。近火則味變。須隔水頓而謹塞其出氣處纔佳。取可飲者。開列于後。

一金壇于酒

于文襄公家所造有甜澀二種以澀者為佳一清徹骨色若松花其味略似紹興而清洌過之

一德州盧酒

盧雅雨轉運家所造色如于酒而味略厚

一四川郫筒酒

郫筒酒清洌徹底飲之如梨汁蔗漿不知其為酒也但從四川萬里而來鮮有不味變者余七飲郫筒惟楊笠湖刺史木簰上所帶為佳

一紹興酒

紹興酒如清官廉吏不參一毫假而其味方真又如名士耆英長留人間閱盡世故而其質愈厚故紹興酒不過五年者不可飲參水者亦不能過五年余常稱紹興為名士燒酒為光棍

一湖州南潯酒

湖州南潯酒味似紹興而清辣過之亦以過三年者為佳

一常州蘭陵酒

唐詩有蘭陵美酒鬱金香玉碗盛來琥珀光之句余過常州相國劉文定公飲以八年陳酒果有琥珀之光然味太濃厚不復有清遠之意矣宜興有蜀山酒亦復相似至于無錫酒用天下第二泉所作本是佳品而被市井人苟且為之遂至澆漓散樸殊可惜也據云有佳者恰未曾飲過

一溧水烏飯酒

余素不飲丙戌年在溧水葉比部家飲烏飯酒至十六杯傍人大駭來相勸止而余猶頹然未忍釋手其色黑其味甘鮮口不能言其妙據云溧水風俗生一女必造酒一罈以青精飯為之俟嫁此女纔飲此酒

以故極早亦須十五六年。打甕時只剩半罈。質能膠口。香聞室外。

一蘇州陳三白酒

乾隆三十年。余飲于蘇州周慕菴家。酒味鮮美。上口粘唇。在杯滿而不溢。飲至十四杯。而不知是何酒。問之。主人曰。陳十餘年之三白酒也。因余愛之。次日再送一罈來。則全然不是矣。甚矣。世間尤物之難多得也。按鄭康成周官註盎齊云。盎者翁翁然。如今酇白。疑即此酒。

一金華酒

金華酒有紹興之清。無其澀。有女貞之甜。無其俗。亦以陳者為佳。蓋金華一路水清之故也。

一山汾酒

既嘌燒酒。以狠為佳。汾酒乃燒酒之至狠者。余謂燒酒者。人中之光棍。縣中之酷吏也。打擂台非光棍不可。除盜賊非酷吏不可。驅風寒消積滯非燒酒不可。汾酒之下。山東膏梁燒次之。能藏之十年。則酒色變綠。上口轉甜。亦猶光棍做久。便無火氣。殊可交也。常見童二樹家泡燒酒十觔。用枸杞四兩。蒼朮二兩。巴戟天一兩。布紮一月。開甕甚香。如嘌猪頭羊尾跳神肉之類。非燒酒不可。亦各有所宜也。

此外如蘇州女貞福貞元燥宣州之豆酒通州之棗兒紅俱不入流品至不堪者揚州之木瓜也上口便俗

書名：隨園食單
系列：心一堂•飲食文化經典文庫
原著：【清】袁枚
主編•責任編輯：陳劍聰

出版：心一堂有限公司
通訊地址：香港九龍旺角彌敦道六一〇號荷李活商業中心十八樓〇五一〇六室
深港讀者服務中心：中國深圳市羅湖區立新路六號羅湖商業大厦負一層〇〇八室
電話號碼：(852) 67150840
網址：publish.sunyata.cc
淘宝店地址：https://shop210782774.taobao.com
微店地址：https://weidian.com/s/1212826297
臉書：https://www.facebook.com/sunyatabook
讀者論壇：http://bbs.sunyata.cc

香港發行：香港聯合書刊物流有限公司
地址：香港新界大埔汀麗路36號中華商務印刷大廈3樓
電話號碼：(852) 2150-2100
傳真號碼：(852) 2407-3062
電郵：info@suplogistics.com.hk

台灣發行：秀威資訊科技股份有限公司
地址：台灣台北市內湖區瑞光路七十六巷六十五號一樓
電話號碼：+886-2-2796-3638
傳真號碼：+886-2-2796-1377
網絡書店：www.bodbooks.com.tw
心一堂台灣國家書店讀者服務中心：
地址：台灣台北市中山區松江路二〇九號1樓
電話號碼：+886-2-2518-0207
傳真號碼：+886-2-2518-0778
網址：http://www.govbooks.com.tw

中國大陸發行 零售：深圳心一堂文化傳播有限公司
深圳地址：深圳市羅湖區立新路六號羅湖商業大厦負一層008室
電話號碼：(86)0755-82224934

版次：二零一四年十一月初版，平裝

心一堂微店二維碼 心一堂淘寶店二維碼

定價：
港幣 五十八元正
人民幣 五十八元正
新台幣 一百九十八元正

國際書號 ISBN 978-988-8266-99-9